Radosław Bruś

Sterowanie inteligentnymi domami. Zastosowanie technologii Zigbee

Radosław Bruś

Sterowanie inteligentnymi domami. Zastosowanie technologii Zigbee

Konfrontacja technologi bezprzewodowych w oparciu o dostępne technologie kontroli inteligentnych budynków

Wydawnictwo Bezkresy Wiedzy

Impressum / Imprint
Bibliografische Information der Deutschen Nationalbibliothek: Die Deutsche Nationalbibliothek verzeichnet diese Publikation in der Deutschen Nationalbibliografie; detaillierte bibliografische Daten sind im Internet über http://dnb.d-nb.de abrufbar.

Informacja bibliograficzna Niemieckiej Biblioteki Narodowej: Niemiecka Biblioteka Narodowa rejestruje tę publikację w Niemieckiej Bibliografii Narodowej; szczegółowe informacje bibliograficzne dostępne są w Internecie na stronie http://dnb.d-nb.de.

Coverbild / Okładka: www.ingimage.com

Verlag / Wydawnictwo:
Wydawnictwo Bezkresy Wiedzy
ist ein Imprint der / jest znakiem handlowym
OmniScriptum GmbH & Co. KG
Bahnhofstraße 28, 66111 Saarbrücken, Deutschland / Niemcy
Email: info@bezkresywiedzy.com

Herstellung: siehe letzte Seite /
Druk: patrz ostatnia strona
ISBN: 978-3-639-89222-2

Spis treści

Wstęp

Rewelacyjny i bardzo płodny w przeróżne pomysły Thomas Edison, który wynalazł żarówkę, często zastanawiał się jak można uprościć codzienne życie. Jednym z jego osobliwych pomysłów było zainstalowanie automatyki w jego domu, a tak naprawdę przed jego domem. Otóż Edison połączył furtkę ze zbiornikiem wodnym zamontowanym na dachu budynku, tak, aby wchodzący goście nieświadomie pompowali mu wodę do zbiornika. To rozwiązanie niektórzy uznają za początek tworzenia inteligentnych domów.

Sama idea inteligentnych domów zapoczątkowana została w latach osiemdziesiątych dwudziestego wieku w Stanach Zjednoczonych. W tym okresie nastąpiła stopniowa automatyzacja systemów kontroli dostępu, kontroli przeciwpożarowych oraz systemów sterowania windami. Jednym z pierwszym inteligentnych budynków był Budynek Lioyda. W budynku został zainstalowany rozbudowany system zarządzania instalacjami, jednak brakowało w nim pełnej integracji pomiędzy poszczególnymi elementami. Spowodowane to było głównie niechęcią inwestorów do zwiększania kosztów.

Mimo niezbyt obiecujących początków zaczęto dostrzegać korzyści, jakie niosą ze sobą te innowacyjne rozwiązania. Sukcesywnie wprowadzano nowe systemy, pracujące w różnych technologiach, a następnie podejmowano próby ich integrowania. Efekt tych działań w latach dziewięćdziesiątych doprowadził do powstania pierwszych inteligentnych budynków. Z czasem technologia stosowana w inteligentnych budynkach zawitała również pod strzechy domów prywatnych. Początkowo obejmowała sterowanie oświetleniem, klimatyzacją oraz systemami alarmowymi. Stale rozwijające się technologie telekomunikacyjne i informatyczne spowodowały, że do domów „wdarły" się sieci komputerowe, nowoczesne systemy automatyki i zabezpieczeń. Dzięki zastosowaniu komputerów pojawiła się możliwość śledzenia wszelkich procesów zachodzących w domu jak i na zewnątrz. Pozwalają zarządzać zużywaną energią, analizując warunki pogodowe panujące na zewnątrz, oraz urządzeniami, które są wykorzystywane wyłącznie w pewnych godzinach, a nie rozłączane pobierają stale energię.

Obecnie oszczędzanie energii elektrycznej często jest dla ludzi sprawą priorytetową, dlatego spopularyzowanie budowy inteligentnych domów jest bardzo bliską przyszłością.

Cele

Głównym celem jest prezentacja nowoczesnej ekologicznej i bezprzewodowej technologii sterowania inteligentnymi budynkami – technologii ZigBee, która niestety jest jeszcze mało popularna na polskim rynku. Jej podstawową zaletą jest możliwość sterowania różnymi urządzeniami w budynku, który już został wybudowany i wyposażony w instalacje elektryczne. Pozwala w przeciwieństwie do innych technologii, opartych na przesyłaniu informacji po dedykowanych kablach, bezinwazyjne ingerować w strukturę istniejących instalacji elektrycznych budynku. Sterownik, sterujący pracą konkretnego urządzenia elektrycznego, będący rozmiaru pudełka zapałek i zasilany akumulatorami lub bateriami alkalicznymi typu AA potrafi niezawodnie pracować od 2 do 10 lat. Osiągnięto to poprzez wyposażenie ich w funkcję oszczędności zużycia prądu (np. sterownik typu CC2530 firmy Texas Instrumennts). Procesor, w który wyposażony jest sterownik zawiesza wszystkie zadania, które nie są wykorzystywane. Oczekuje na przychodzące z sieci informacje i dopiero zaczyna działać.

Przedstawiony w czwartym rozdziale system sterowania składa się z jednostki centralnej – serwera umieszczonego w dowolnym dzisiejszym komputerze. Zadaniem serwera jest wysyłanie pakietów funkcyjnych do sieci logicznej ZigBee, zawiadujących zainstalowanymi w domu elementami wykonawczymi (odbiornikami). Drugim elementem systemu jest aplikacja sterująca, zaprojektowana na platformę Android, wstępnie oferująca podstawową funkcje zarządzania odbiornikami na poziomie załączenia, rozłączenia oraz sterowania natężeniem światła bądź numerem funkcji wykonywanego działania. Trzecią częścią systemu jest alternatywny panel sterowania, który w razie awarii urządzeń dotykowych, oferuje sterowanie poprzez sieć w WIFI z każdego urządzenia obsługującego HTML i FLASH. Atutem alternatywnego panelu sterowania jest możliwość zainstalowania go na serwerze, udostępniając w ten sposób możliwość łączenia się do niego w perspektywie zdalnego sterowania i monitorowania budynku, na przykład w sytuacji wyjazdu właścicieli na wakacje. Sterowanie powyższym panelem odbywa się dopiero po zalogowaniu wybranego użytkownika, posiadającego wymagane uprawnienia do zarządzania budynkiem. Czwartym elementem i kolejnymi są elementy wykonawcze, czyli układy z zaimplementowanym komputerem jednoukładowym oferującym obsługę technologii ZigBee.

W dalszej części został zamieszczony projekt systemu sterowania instalacjami i urządzeniami w użytkowanym domu jednorodzinnym. Sterowaniem objęto:

- Oświetlenie wewnętrzne i zewnętrzne.
- Ogrzewanie pomieszczeń.
- Klimatyzatory.
- Rolety okienne

Prezentowany system bazuje na układach SmartRF05 z modułem CC2530EM firmy Texas Instruments, wykonanych w systemie System-On-Chip.

1. Inteligentny dom

W rozdziale zamieszczono ogólne informacje o inteligentnych domach.

1.1 Definicja inteligentnego domu

Inteligentny dom jest określeniem wysoce zaawansowanego technologicznie budynku, który posiada rozbudowany system czujników, detektorów, sterowników, przełączników oraz jeden, zintegrowany system zarządzania wszystkimi znajdującymi się w budynku urządzeniami. Dzięki informacjom odbieranym z różnych elementów instalacji, budynek może reagować na zmiany środowiska wewnętrznego i zewnętrznego, co prowadzi do maksymalizacji funkcjonalności, komfortu i bezpieczeństwa. Przykładem może być system bezpieczeństwa połączony z systemem przeciwpożarowym, realizującym w razie zagrożenia automatycznie otwieranie drzwi w celu umożliwienia szybszej ewakuacji. Również przy odpowiedniej konfiguracji system może poinformować odpowiednie służby pożarowe, zawiadamiając o zaistniałej sytuacji.

Ponadto „inteligentny dom" realizuje funkcje minimalizacji kosztów eksploatacji, w tym opłat za energię elektryczną, ogrzewanie czy inne media, poprzez wprowadzenie statystyk zużycia powyższych środków i ich odpowiednie ograniczanie, a nawet opracowuje harmonogram rozłączania urządzeń z większym poborem prądu. Przykładem może być zaprogramowanie systemu tak, aby oscylował wokół wybranej temperatury, załączając i wyłączając ogrzewanie, jednocześnie nie powodując bezustannego i nieregularnego grzania budynku, jak to ma miejsce w codziennym życiu.

Inteligentny dom to nie tylko bezpieczeństwo i cięcie kosztów. Może również zaoferować spełnianie kaprysów a nawet fanaberii. Hipotetycznie w zależności od zasobności portfela inteligentny dom może zaoferować prawie wszystko. Dla przybliżenia możliwości rozważyć można następującą sytuację. Gospodarz domu po ciężkim dniu w pracy wraca do domu. Po otwarciu drzwi, włącza się oświetlenie, z głośników „płynie" ulubiona muzyka , uruchamia się ekspres, który parzy najlepszą kawę w mieście. Temperatura panująca w pomieszczeniach jest taka jaką wcześniej zadano. Rolety kilka godzin wcześniej opuszczone w dół (nadzorujący system opuścił rolety, zapobiegając przed nadmiernym przegrzaniem pomieszczeń przez promienie słoneczne), unoszą się do góry a oświetlenie się wyłącza. Na przenośnym wyświetlaczu pojawiają się informacje o wszystkich zaistniałych sytuacjach jakie wystąpiły podczas nieobecności domownika System wyciągowy usuwa z garażu spaliny, które tam pozostały po wjeździe autem. Jest bezpiecznie i przyjemnie. Patrząc przez okno widać soczyście zieloną trawę i piękne kolorowe kwiaty wyciągające się do góry. Wszystkim zajmuje się centralny system sterujący, który uruchamia w zależności od potrzeb zraszacze. Przed snem kładąc się wygodnie w łóżku gospodarz bierze do rąk „pilot", na którym widoczne są załączone oświetlenie i nie wyłączone urządzenia i odbiorniki. Naciskając kilka przycisków wszystko jest wyłączone. Wciska jeszcze jeden przycisk „Dobranoc", uruchamia się system alarmowy, wszystkie drzwi i okna się zamykają, jest bezpiecznie.

Główna i najważniejszą zasadą inteligentnego budynku jest: *Prosty w konfiguracji oraz w pełni zautomatyzowany system nie wpływający negatywnie na ludzi znajdujących się w jego otoczeniu.*

1.2 Możliwości inteligentnego domu

System zarządzania budynkiem (ang. *BMS - Building Management Systems*) znajduje zastosowanie w budynkach biurowych, przemysłowych i instytucjonalnych, a od pewnego czasu, także w budynkach mieszkalnych. Polem działania tego systemu jest integracja, kontrola, monitorowanie, optymalizacja i raportowanie wielu elementów składowych zainstalowanych w budynku. Poniżej zamieszczono przykładowe funkcje realizowane w inteligentnych domach:

- Sterowanie oświetleniem wewnętrznym i zewnętrznym w zależności od stanu obecności osób w pomieszczeniach oraz ruchu, w oparciu o natężenie światła itp.
- Sterowanie ogrzewaniem centralnym oraz podłogowym w poszczególnych pomieszczeniach
- Sterowanie wentylacją, klimatyzacją i filtracją w oparciu o parametry jakości powietrza tj. zawartość dwutlenku węgla, wilgotność, temperatura, także analizując nasłonecznienie i zewnętrzną temperaturę.
- Symulacja obecności osoby wewnątrz budynku podczas jej nieobecności
- Ochrona bytu i mienia poprzez automatyczne i natychmiastowe poinformowanie odpowiednich służb o zaistniałej sytuacji
- Integracja z systemem alarmowym i monitoringiem
- Integracja z systemem przeciwpożarowym
- System kontroli dostępu
- System zasilania awaryjnego
- System pogodowy
- Obsługa urządzeń audio-video i innych urządzeń codziennego użytku
- Złożony system personalizacji
- System sterowania oddymianiem pożarowym, sterowanie i monitorowanie klap przeciwpożarowych
- Integracja z siecią teleinformatyczną
- Sterowanie żaluzjami i roletami

1.3 Podstawowe elementy składowe

1.3.1 Sterownik

Jest to uniwersalne urządzenie mikroprocesorowe przeznaczone do sterowania pracą urządzeń zainstalowanych w budynku. Sterownik musi zostać dopasowany do określonego obiektu sterowania poprzez wprowadzenie do jego pamięci żądanego algorytmu działania obiektu. Algorytm jest zapisywany w dedykowanym sterownikowi języku programowania. Istnieje możliwość zmiany algorytmu przez zmianę zawartości pamięci programu. Podstawową zasadą pracy sterowników jest praca cykliczna, w której sterownik wykonuje kolejno po sobie pojedyncze rozkazy programu, w takiej kolejności, w jakiej są one zapisane w pamięci. Każdy sterownik jest przypisany do pojedynczego wybranego urządzenia, którym ma zarządzać.

1.3.2 Komputer jednoukładowy

Jest to system mikroprocesorowy zrealizowany w postaci pojedynczego układu scalonego, zawierającego jednostkę centralną (CPU), pamięć RAM oraz na ogół pamięć programu i rozbudowane układy wejścia-wyjścia. Określenie *komputer jednoukładowy* pochodzi od głównego obszaru zastosowań, jakim jest sterowanie urządzeniami elektronicznymi. Układ stanowi użyteczny i całkowicie autonomiczny system mikroprocesorowy, nie wymagający użycia dodatkowych elementów, których wymagałby do pracy tradycyjny mikroprocesor. Skądinąd, komputery jednoukładowe przystosowane są do bezpośredniej współpracy z rozmaitymi urządzeniami zewnętrznymi, w tym również z takimi, do których obsługi tradycyjny mikroprocesor wymagałby użycia dodatkowych układów peryferyjnych.

Rys.1 Komputer jednoukładowy firmy Texas Instruments[1]

1 http://elektronikab2b.pl/images/stories/52989:516_image_501.jpg

1.3.3 Czujniki

Czujnik inaczej sensor – fizyczne narzędzie będące elementem składowym większego układu, którego zadaniem jest analizowanie sygnałów z najbliższego środowiska, ich rejestrowanie i rozpoznawanie. Czujnik t o urządzenie, które dostarcza informacji w wypadku pojawienia się określonego bodźca, bądź po przekroczeniu pewnej wartości progowej lub o wartość rejestrowaną w wielkości fizycznej. W tym ujęciu czujnik składa się z sensora, przetwornika oraz często układu kondycjonowania sygnału telemetrycznego. Najczęściej czujniki dostarczają informacje w jednej z wielkości elektrycznych informując o zdarzeniu, poprzez: napięcie, natężenie prądu bądź opór elektryczny. Spowodowane jest to tym, iż prąd elektryczny jest sygnałem, który łatwo wzmocnić, bądź przesłać na duże odległości. Można go także poddać dalszemu przetwarzaniu przy użyciu komputerów i technik cyfrowych.

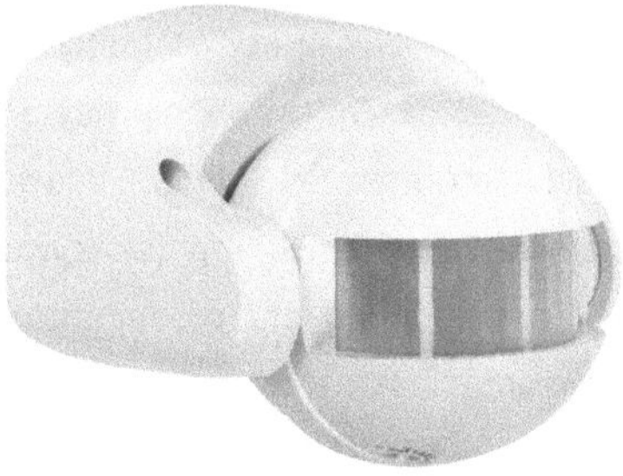

Rys.2 Czujnik ruchu[2]

2 http://www.kanlux.pl/files/photos/produkty/big/00460.jpg

2. Technologie wykorzystywane w inteligentnych domach

W rozdziale opisano inne technologie wykorzystywane przy sterowaniu inteligentnymi domami. Podsumowaniem rozdziału jest tabela konfrontatywna, porównująca poniższe standardy.

2.1 Technologia KNX

Rys.3 Logo KNX[3]

Standard KNX dawniej EIB (European Installation Bus) jest pierwszym na świecie otwartym standardem sterowania urządzeniami i budynkami. Jest on efektem połączenia trzech protokołów oraz konwergencji rozwijających je organizacji tj: EIB, EHS oraz ButiBUS. Dzięki współpracy Stowarzyszenia Konnex (EIB) i Cenelec powstała europejska norma EN 50090 zatwierdzająca standardy TP - przekazywanie informacji po skrętce oraz RF - przekazywanie informacji komunikacją radiową. KNX jest wspierany przez ponad stu producentów sprzętu, którzy produkują około siedmiu tysięcy różnych urządzeń, dzięki czemu możliwe jest zautomatyzowanie praktycznie każdego budynku. System KNX oferuje wygodne rozwiązanie połączenia magistralnego wszystkich elementów wykonawczych w budynku za pomocą tylko jednego przewodu biegnącego wokół całego budynku. Dużą zaletą tego systemu jest fakt, iż przez przewód ten płynie prąd o napięciu 24V, a napięcie 230V do zasilania odbiorników jest doprowadzone do nich bezpośrednio. Umożliwia to dowolne aranżacje wnętrz i instalacji, na przykład instalując wyłącznik światła tuż przy kabinie prysznicowej. Standard KNX oferuje użytkownikowi w każdej chwili możliwość zmiany

3 http://www.knx.org/fileadmin/template/images/logos/knx_logo_testlr.gif

funkcji poszczególnych elementów, bez ingerencji w elementy instalacji elektrycznej.

2.2 Technologia LonWorks

Rys.4 Logo LonWorks[4]

Sieć LonWorks została stworzona przez amerykańska firmę Echelon Corporation, na bazie protokołu niskiego poziomu LonTalk, który zarządza transmisją danych w sieci. Protokół ten był również wykorzystywany w sieciach BACnet, jako jeden z pięciu protokołów wymiany danych podobnie do Ethernetu czy Arcnetu. Systemy oparte na technologii LonWorks składają się z urządzeń zawierających mikrokontrolery NeuronChip firmy Echelen. NeuronChip'y zawierają przeważnie mikroprocesory 8051 oraz posiadają wbudowaną pamięć z zaimplementowanym protokołem LonTalk. Daje to producentom możliwość wytwarzania swojego własnego specyficznego produktu, który używa standardowego, stałego protokołu wymiany informacji. Systemy LonWorks są systemami otwartymi zbliżonymi do wcześniej wspomnianego standardu EIB, jednak informacja przekazywana pomiędzy sterownikami nie jest zrozumiała dla urządzeń produkowanych przez różnych producentów. Tak więc wadą tego systemu jest konieczność dopasowywania urządzeń różnych producentów między sobą tak, aby mogły ze sobą wspólnie działać. Technologia LonWorks zajmuje się sterowaniem wszystkimi podsystemami HVAC, oświetleniem, roletami, kontrolą dostępu, agregatami prądotwórczymi, klimatyzacją oraz ogrzewaniem. Dodatkowo często realizuje monitoring energetyczny i jeśli jest taka potrzeba oferuje zdalny dostęp. LonWorks

4 http://www.yuribe.com/Imagenes/lonworks.gif

to szybka i wydajna sieć, jednak obarczona jest pełnym okablowaniem budynków oraz wyposażeniem ich w dość rozbudowane sterowniki.

2.3 Technologia Bluetooth

Rys.5 Logo Bluetooth[5]

Technologia Bluetooth jest bezprzewodową komunikacją krótkiego zasięgu pomiędzy różnymi urządzeniami elektronicznymi. Jest to darmowy standard opisany w specyfikacji IEEE 802.15.1. Jego specyfikacja obejmuje trzy klasy mocy nadawczej: Klasa 1 o zasięgu 100m, klasa 2 o zasięgu 10m oraz klasa 3 o zasięgu 1 metra w otwartej przestrzeni. Najczęściej spotykaną klasą jest klasa 2. Technologia korzysta z fal radiowych w paśmie 2,4 GHz. Podstawową jednostką technologii Bluetooth jest pikosieć, która zawiera węzeł typu master oraz maksymalnie 7 węzłów typu slave. Wiele pikosieci może istnieć w jednym pomieszczeniu, a nawet mogą być ze sobą połączone przy pomocy węzła typu bridge, jak pokazano na rysunku nr 10. Połączone ze sobą pikosieci określa się mianem scatternet. Minusem technologii bluetooth jest fakt iż urządzenia mogą komunikować się ze sobą tylko w sytuacji, gdy każde z nich w tym samym czasie dobiera taką samą częstotliwość i nadaje na niej.
W każdej Sieci bluetooth, nawet złożonej tylko z dwóch urządzeń, jedno z nich spełnia rolę nadrzędnego (master), który m.in. odpowiada za realizację procedury doboru kolejnej częstotliwości.

5 http://upload.wikimedia.org/wikipedia/commons/a/a7/Bluetooth_bw.png

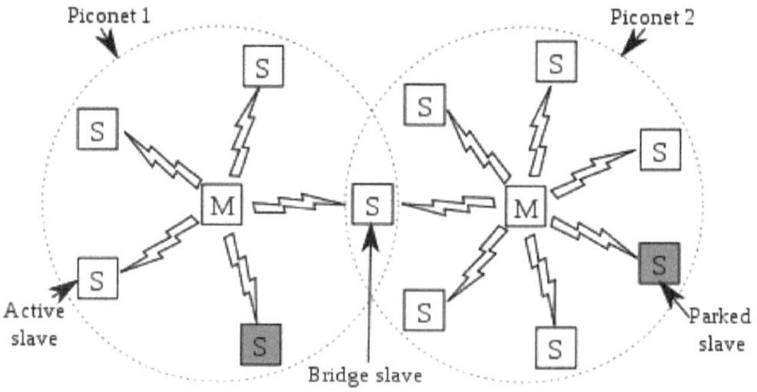

Rys.6 Połączone dwie pikosieci – scatternet[6]

2.4 Technologa Z-Wave

Rys.7 Logo Z-Wave[7]

Z-Wave jest opatentowanym bezprzewodowym protokołem komunikacji przeznaczonym do automatyzacji domów, przede wszystkim zaprojektowany do zdalnego sterowania budynkami mieszkalnymi oraz dla obiektów komercyjnych. Ta technologia wykorzystuje nadajniki o niskiej mocy wbudowane w instalacjach takich jak oświetlenie, system kontroli dostępu, sprzęt audio-video czy w urządzenia AGD. Z-Wave Alliance jest konsorcjum wielu producentów, którzy zapewniają interoperacyjność między swoimi urządzeniami.

---

6 http://pl.wikipedia.org

7 http://anantec.ca/wp-content/uploads/2010/05/zwave_logo-300x206.jpg

Powyższa technologia jest energooszczędna i bezprzewodowa zaprojektowana specjalnie dla zdalnego sterowania. W przeciwieństwie do standardu WiFi IEEE 802.11 i innych standardów bezprzewodowych sieci LAN, które przeznaczone są przede wszystkim do dużego przepływu danych, system Z-Wave RF działającym w podgrupie częstotliwości 900 Mhz z możliwością dodawania urządzeń pośrednich pracujących w częstotliwości 2.4GHz, jest zoptymalizowany do rozsyłania krótkich poleceń typu on-off oraz małych ramek zawierających informacje z termostatów czy innych odbiorników z możliwością zawarcia informacji o urządzeniu w wysyłanym komunikacie.

Dzięki małemu poborowi prądu oraz niskim kosztom produkcji, Z-Wave jest często osadzany w produktach elektroniki użytkowej w tym w urządzeniach zasilanych bateryjnie, takich jak piloty, czujniki dymu i czujniki bezpieczeństwa. Obecnie ponad dwustu producentów na całym świecie, oferuje szeroką gamę produktów wykonanych przy wykorzystaniu technologii Z-Wave. Największym minusem tego standardu jest fakt, że nie jest on otwarty i darmowy, jest sprzedawany na podstawie umowy poufności tylko klientom korporacji Zensys.

3. Technologia ZigBee

W poniższym rozdziale zamieszczono informacje o stowarzyszeniu ZigBee Alliance jak i o technologii ZigBee.

Rys.8 ZigBee[8]

3.1 ZigBee Alliance

Stowarzyszenie „ZigBee Alliance" zostało założone w 2002 roku, jest to otwarta spółka non-profit zrzeszająca ponad 200 pełnoprawnych członków, którzy stworzyli dobrze prosperującą firmę rozrastającą się na całym świecie. Każdy może dołączyć do stowarzyszenia ZigBee: przedsiębiorstwa, korporacje, uniwersytety, agencje rządowe, a nawet osoby fizyczne. Kierunek i rozwój stowarzyszenia zależy od wszystkich członków i od decyzji jakie wspólnie podejmują. Kierując się innowacyjnością i

8 http://www.zigbee.org/portals/0/images/Zigbee_5icons_rings.jpg

niezawodnością łatwych w użyciu standardów ZigBee. Stowarzyszenie zdobyło już silną pozycję na światowym rynku w dziedzinie inteligentnych sieci elektrycznych.

3.2 Cele ZigBee Alliance

Wykorzystując swoje globalne spojrzenie, stowarzyszenie ZigBee chce ustandaryzować własną technologię, która w perspektywie czasu ma zapewnić większą swobodę i elastyczność w inteligentniejszym, bardziej zrównoważonym świecie. Skupiając się na:

- Zapewnieniu ekologicznego, nisko energochłonnego i otwartego światowego standardu sterowania bezprzewodowego, koncentrującego się na zagadnieniach monitoringu, nadzoru i sieci czujników.
- Udostępnieniu produktu który umożliwi pracę sterowników zasilanych bateryjnie bądź z akumulatorów, bez koniecznej ich wymiany przez kilka lat, oferując dużo wygodniejsze i „zielone" rozwiązania.
- Wyjątkowym połączeniu całkowicie różnych typów urządzeń w pojedynczą sieć, umożliwiając ich pełną kontrolę.
- Oferowaniu szeregu inteligentnych funkcji, mających na celu, zapewnienie zgodności pomiędzy urządzeniami znajdującymi się w różnych środowiskach na całym świecie.
- Prostocie konfiguracji z nieograniczoną możliwością rozrastania się tworząc jeszcze bardziej rozbudowane sieci.
- Dostarczaniu technologii, która przez wiele lat nie wymaga konserwacji.

3.3 Rozwiązania ZigBee

Sprawdzona i nowoczesna technologia oraz coraz bardziej chłonny rynek na nowatorskie rozwiązania w zakresie sterowania i zarządzania budynkami, ciągle zwiększają zapotrzebowanie klientów na technologię ZigBee, która została ukierunkowana na jeden globalny standard – bezprzewodowy, skupiając się na monitoringu, kontroli i aplikacjach. Skupiający się w ramach organizacji eksperci z całego świata zaprojektowali standardy ZigBee do powszechnego użytku, realizując podstawowe cele obniżenie koszty produkcji i zapotrzebowanie na energię. Dziewięć udostępnionych rozwiązań dostarcza dużo większe możliwości podczas tworzenia sieci logicznych oferując jednocześnie większy komfort, wygodę i oszczędność dla każdego, niż każdy z innych standardów.

Wielu dostawców narzędzi oraz usług energetycznych wdraża rozwiązania ZigBee, ponieważ spełnia nie tylko ich potrzeby ale daje im niezawodne, bezpieczne i łatwe w użyciu ekologiczne rozwiązania. ZigBee Smart Energy, jest obecnie jedynym na świecie standardem koncentrującym się przede wszystkim na minimalizacji pobieranej energii przez urządzenia peryferyjne. Oferując zaawansowane pomiary zużycia prądu w rozbudowanych infrastrukturach (AMI - Advanced Metering Infrastructure) oraz w sieciach domowych (HAN - Home Area Networks). Przykładem jest miasto Goteborg w Szwecji czy hotele Aria i Mandarin Oriental w centrum Las Vegas, które są sterowane za pomocą standardów ZigBee oraz szpitale, tóre są w całości sterowane przez ZigBee, na przykład szpital Jackson Memorial na Florydzie.

Certyfikowane produkty ZigBee Home Automation i ZigBee Smart Energy umożliwiają klientom tworzenie inteligentnych domów. Według ZigBee Alliance domy wykorzystujące tą technologię stały się inteligentne, ponieważ zarządzają wieloma obszarami: oświetleniem, ogrzewaniem i klimatyzacją, zużyciem energii, bezpieczeństwem, oferują pełną kontrolę i monitoring wszystkich urządzeń, a nie każdego z osobna. Ta kontrola oraz na bieżąco analizowane informacje pomagają konsumentom na dowolne konfigurowanie ustawień pracy każdego z urządzeń, zapewniając szybki i łatwy sposób na ograniczenie zużycia energii oraz cięcie kosztów, jednocześnie pielęgnując nasze środowisko.

3.4 Założenia ogóle

ZigBee jest jedynym na świecie standardem opartym na bezprzewodowej komunikacji, odpowiadającym na specyficzne zapotrzebowanie jednocześnie tanich, energooszczędnych i bezprzewodowych urządzeń. ZigBee pracuje w trzech pasmach częstotliwości 868 Mhz w Europie, 915 Mhz w Stanach Zjednoczonych i Australii oraz w 2,4 GHz zadaptowane jako globalne pasmo radiowe. Dostarcza wiele niezawodnych i łatwych w obsłudze standardów konsumentom, rozlokowanych na całym świecie. Z niezawodnej łączności bezprzewodowej i dużej wydajność pracy przy niewielkich rozmiarach akumulatorów, daje swobodę i elastyczność, przy tworzeniu jak największych sieci logicznych.

ZigBee zaprojektowane jest tak by mogło być wykorzystywane w niezliczonej liczbie produktów. Ponieważ wszystkie urządzenia wykorzystujące ten sam standard mogą komunikować się ze sobą bez względu na rodzaj produktu i producenta, konsumenci mają większe możliwości w znalezieniu poszukiwanego produktu. ZigBee Alliance opracowało szereg innowacyjnych rozwiązań dla grup docelowych takich jak: budownictwo, telekomunikacja, zarządzanie komercyjną i użytkową elektroniką, opieka zdrowotna, a także dla zarządzania domami i mieszkaniami.

3.5 Standard ZigBee RF4CE

Rys.9 Standard ZigBee RF4CE[9]

Specyfikacja standardu ZigBee RF4CE oferuje tanie i łatwe do zaimplementowania rozwiązanie do kontroli różnorodnymi urządzeniami, nawet wykorzystującymi inne standardy, w tym oferując pełne wsparcie dla technologii ZigBee Pilot (do zdalnego sterowania), ZigBee Urządzenia Wejściowe oraz ZigBee 3D. RF4CE przeznaczony jest do sterowania szerokim zakresem produktów, w tym urządzeń domowej rozrywki, sterowanie drzwiami garażowymi, centralnym zamkiem oraz wieloma innymi.

ZigBee RF4CE definiuje bezprzewodową sieć logiczną (sterowniczą), która udostępnia prosty, solidny i tani standard połączeń, w zastosowaniu dla komercyjnych urządzeniach elektronicznych. RF4CE jest rozszerzeniem standardu IEEE 802.15.4, zapewniając prosty model warstw sieciowych oraz rozbudowane profile aplikacji, które mogą być wykorzystywane przez wielu producentów do stworzenia międzyoperacyjnego rozwiązania wykorzystywanego w instalacjach domowych.

---

9 http://www.zigbee.org/portals/0/images/Zigbee_3icons_rings.jpg

3.5.1 Komunikacja

Komunikacja ZigBee RF4CE odbywa się na bazie bezprzewodowego standardu IEEE 802.15.4 zatwierdzonego w maju 2003r. Jest to pasmo 2,4 Ghz dostępne w większości państw na świecie (pot. pasmo globalne), 915 Mhz w Stanach Zjednoczonych i Australii oraz 868 Mhz dla całej Europy. Są to nielicencjonowane pasma radiowe. Dystans transmisji uzależniony jest od rozwiązań zastosowanych w urządzeniach przez wybranych producentów, przyjmuje się zasięg na poziomie od 10 do 1600 metrów, jednak zależy to od otoczenia, rozmieszczenia budynków i ścian oraz topografii terenowej.

Pasmo	868Mhz (1 kanał), 915 MHz (11 kanałów), 2,4 GHz (16 kanałów)
Zasięg	10 – 100m
Opóźnienie	15ms
Szyfrowanie	128 bitowe AES, mechanizm generowania klucza bezpieczeństwa
Adresowanie	8 bądź 64 bity
Transmisja danych	868 MHz - 20kb/s, 915 MHz - 40kb/s, 2,4 GHz - 250kb/s
Topologie	Drzewo, gwiazda, mesh, wraz z interpersonalna siecią PAN
Temperatura pracy	Od -40 do 85°C

Tabela nr.1 Podstawowe informacje o RF4CE

3.5.2 Budowa sieci

Sieć ZigBee zbudowana jest z trzech rodzajów urządzeń:

1. Koordynatora (ZC – ZigBee Coordynator) jest to główne urządzenie - węzeł początkowy, który może wystąpić w sieci logicznej tylko raz. Zajmuje się sterowaniem pozostałymi urządzeniami (przynajmniej pośrednio), jest też głównym ośrodkiem zbierania i analizowania danych.
2. Routera (ZR – ZigBee Router) zajmuje się przekazywaniem poleceń od koordynatora do dalszych elementów wykonawczych w sieci. Jednocześnie pozostaje elementem wykonawczym, posiadającym możliwość sterowania podłączonymi do niego urządzeniami.
3. Urządzenia końcowego (ZED – ZigBee End Device) najprostsze urządzenie znajdujące się w sieci ZigBee, umożliwia sterowanie podłączonymi do niego urządzeniami, bądź może działać w trybie zbierania danych z urządzeń sensorowych.

Koordynator po załączeniu wybiera port, na którym będzie prowadzona wymianach danych między urządzeniami, a następnie wprowadza się w tryb nasłuchu oczekując na przyłączenie się innych urządzeń. Następnie routery zaczynają wyszukiwać sieć, do której zostały wcześniej przypisane, łączą się do koordynatora i jak on przechodzą w stan nasłuchu oczekując połączeń od urządzeń końcowych. Urządzenia końcowe po uruchomieniu, wyszukują routery, do których zostały przypisane i ustanawiają połączenie pomiędzy sobą. Wszystko odbywa się w bardzo krótkim czasie. Parsowanie urządzeń może odbywać się przy wykorzystaniu 128 bitowego szyfrowanego klucza.

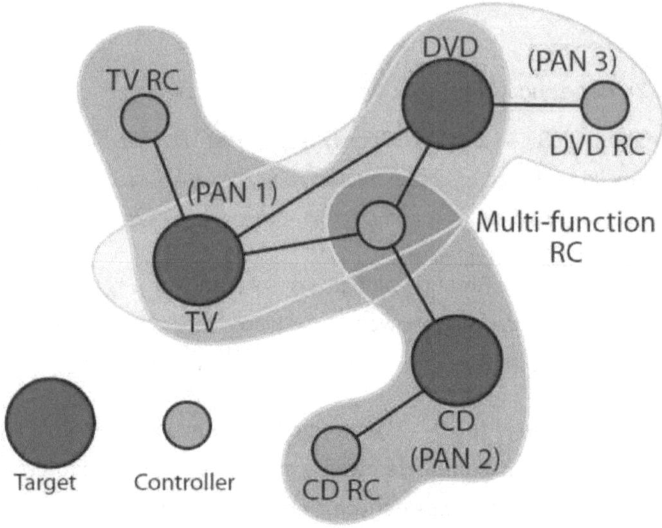

Rys.10 Przykładowa sieć RF4CE[10]

Standard RF4CE udostępnia możliwość podziału urządzeń wykonawczych na routery i urządzenia końcowe poprzez analizę siły sygnałów oraz prędkość wymiany pomiędzy nimi danych, szukając krótszej i efektywniejszej ścieżki połączeń między nimi. Gdy podczas połączeń na wybranym wcześniej kanale, będą występować problemy, koordynator poprzez skanowanie pozostałych dostępnych portów, może dokonać zmiany, wybierając nowy kanał, na którym będzie dokonywana wymiana danych i komunikacja między urządzeniami. By zapobiec połączeń urządzeń do innych bliskich im sieci, przy każdej inicjacji sieci wybierany jest nowy unikatowy identyfikator PAN. Identyfikator może być przypisany do każdego urządzenia, jeśli zajdzie taka potrzeba.

10 www.zigbee.org – dokument: 095231r01ZB_RF4CE_MWGUnderstanding_ZigBee_RF4CE.PDF

3.5.3 Tryb oszczędzania energii

Oszczędność energii jest ważnym czynnikiem urządzeń ZigBee RF4CE. W związku z tym specyfikacja określa mechanizm oszczędzania energii. Komputer jednoukładowy zaimplementowany w urządzeniach zgodnych z standardem, pozwala na uruchomienie trybu oszczędzania energii na każdym z urządzeń w sieci. Mechanizm ten jest pod kontrolą każdego z dostępnych publicznych stosowanych profili.

Koordynator może zawiadywać odbiornikami na kilka sposobów:

- Odbiornik będzie wyłączony do odwołania – tak długo jak urządzenie, którym steruje na przykład: telewizor, będzie w stanie czuwania. Gdy telewizor zostanie załączony wtedy także odbiornik wyjdzie ze stanu hibernacji.
- Odbiornik pracuje przez skończony okres czasu, załączony zostaje w momencie gdy telewizor przejdzie w stan uśpienie, bądź z niego wyjdzie.
- Odbiornik zostaje w stanie hibernacji do odwołania – tak długo jak na przykład: na pilocie nie zostanie przez użytkownika wciśnięty jeden z przycisków.

3.5.4 Architektura RF4CE

Architektura ZB-RF4CE zdefiniowana jest przez kilka bloków bądź warstw upraszczających specyfikację. Każda warstwa odpowiedzialna jest za jedną część specyfikacji, oferując usługę przemieszczania się między pozostałymi warstwami. Interfejs między warstwowy dostarcza logiczne połączenia między nimi. Model warstwowy ZB bazuje na siedmiowarstwowym modelu ISO. Rysunek nr.15 ilustruje stos architektury ZigBee RF4CE. Specyfikacja RF4CE zbudowana jest na podstawie standardu IEEE 802.15.4 zarówno wykorzystując warstwę MAC jak i warstwę fizyczną, udostępniając pełną funkcjonalność sieciową.

3.5.5 Warstwa sieciowa

Warstwa sieciowa ZigBee RF4CE definiuje trzy ramki sieciowe: standardowe dane, polecenia sieciowe i informację o producencie. Ramka danych standardowych zajmuje się transportem danych publicznych zgodnych z profilami aplikacji. Zadaniem ramki poleceń sieciowych jest realizowanie niektórych zadań związanych z wykrywaniem i parsowaniem urządzeń między sobą oraz budowanie struktury sieci logicznej. Ramka informacji o nadawcy zawiera informacje o nadawcy. Ogólny format warstwy sieciowych przedstawia rysunek 16.

Opis schematu budowy warstwy sieciowej:

- Frame control (ramka kontrolna) – pole kontrolne, zawierające informacje o całym datagramie.
- Frame counter (licznik ramek) – w celu wykrywania duplikatów i zapobiegania ataków wykorzystujących powtórzenia ramek.
- Profile identifier (format ramki) – zawiera format (rodzaj) ramki, która jest transportowana.
- Vendor identifier (identyfikator producenta) – używana do wprowadzania rozszerzonych rozwiązań przez wybranych producentów.
- Frame payload (dane użyteczne) – ramka zawierająca niezależne dane wykorzystywane przez różnych producentów.
- Message integrity code (integracja kodu) – bezpieczeństwo, ramka zawierająca informacje potrzebne do uwierzytelnienia.

Octets: 1	**4**	**0/1**	**0/2**	**Variable**	**0/4**
Frame control	Frame counter	Profile identifier	Vendor identifier	Frame payload	Message integrity code
		Header		**Payload**	**Footer**

Rys.11 Schemat warstwy sieciowej[11]

11 www.zigbee.org – dokument: 095231r01ZB_RF4CE_MWGUnderstanding_ZigBee_RF4CE.PDF

3.5.6 Warstwa aplikacji

Warstwa aplikacji zaimplementowana w urządzeniach ZigBee RF4CE zbudowana jest z części profilu oraz wybranego dodatkowego komponentu. Profil z komponentem może być traktowany jako odrębny język porozumiewawczy pomiędzy urządzeniami, zawierający słowa określające wyspecjalizowane zadania, które mają zostać wykonane, na przykład przełączanie kanału w telewizorze, a także umożliwiając pełną iteraktywność pomiędzy urządzeniami. Profile sprzętowe rozbudowywane są przez producentów w celu dodawania nowych poleceń, potrzebnych do sterowania nowymi urządzeniami. Standard RF4CE posiada rozwiniętą bazę profili, udostępnia możliwość rozbudowy ich o nowe zadania, a także daje możliwość tworzenia własnych całkowicie nowych profili projektowych przez producentów. Główny profil udostępniony przez ZigBee definiuje zdalny standard sterowania przede wszystkim urządzeniami RTV.

3.6 Konfrontatywna tabela – porównanie technologii

Porównując standardy ZigBee, Z-Wave, Bluetooth, LonWorks i KNX, standard ZigBee wykazuje przewagę nad pozostałymi technologiami. Największym atutem ZB jest jej elastyczność. Ten sam sterownik, który w danej chwili steruje np. telewizorem, jutro może sterować pracą innego urządzenia bez konieczności ingerencji w oprogramowanie zainstalowane w odbiornikach. Ponadto można dowolnie zmieniać miejsce jego lokalizacji. Dzięki swoim niewielkim rozmiarom można go umieścić praktycznie wewnątrz każdego urządzenia, a przesyłanie informacji drogą radiową – nie wymaga dodatkowego okablowania. Czas pracy na jednym akumulatorze, które oferują urządzenia wyposażone w moduły ZigBee upraszczają procedurę konserwacji i koszty utrzymania odbiorników.

Ważnym elementem technologii Zigbee jest ujednolicony standard przysyłanych danych. W przypadku sieci logicznej np. wykorzystującej standard lonworks, ustandaryzowane są jedynie zmienne, które programuje się dla konkretnych sterowników. Są to zmienne unikatowe, wybrane przez danego producenta lub instalatora, które mogą pełnić tylko ściśle określone funkcje. Dlatego nie ma możliwości podłączenia do tej samej sieci logicznej urządzeń innych producentów. Tego problemu nie ma w przypadku wykorzystania technologii Zigbee. W każdym momencie, gdy zachodzi potrzeba dodania innego elementu wykonawczego bądź pośredniczącego, dzięki ustandaryzowaniu sposobu przesyłanych informacji, po podłączeniu nowego urządzenia system będzie działał poprawnie i nie zakłóci pracy pozostałych urządzeń znajdujących się w sieci logicznej.

ZigBee, Z-Wave oraz Bluetooth oferują standardy bezprzewodowe, w których od początku założono, aby wymiana danych następowała drogą radiową. Dzięki czemu osiągają dużo lepsze wyniki w szybkości reakcji i wykonania poleceń względem innych standardów, oferujących dodatkowe moduły wspomagające przesyłanie danych bez wykorzystania przewodów. Jednak i w tym przypadku ZigBee wiedzie prym nad innym technologiami. Głównym atutem jest uzyskanie najniższych czasów wykrywania nowych węzłów sieci oraz najszybszy czas wychodzenia z trybu hibernacji (oszczędzania energii), co w długofalowym procesie wykorzystywania urządzeń typu ZigBee oszczędza koszty jakie należy ponieść na elementy zasilające. Tabela nr.1 przedstawia porównanie specyfikacji powyższych standardów.

	ZigBee	Z-Wave	Bluetooth	LonWorks	KNX
Pasmo komunikacji bezprzewodowej	2.4GHz (868Mhz / 915Mhz)	~900 Mhz	2,4Ghz	Komunikacja przewodem logicznym	Komunikacja przewodem logicznym
Szybkość transmisji danych	250kbps(2,4GHz), 40kbps (915Mhz), 20kbps (868Mhz)	9600 bps, 40 kbps	2,1 mbps	78kbps (TP), 1,25mbps (TP/XF)	1200 bps
Zasięg	< 500m	30m	100m (klasa 3)	130m – 500m dł. Przewodu	< 350m
Maksymalna liczba urządzeń w sieci	Bez ograniczeń	232	Przy 7 węzłach typu Slave (do 255 urządzeń)	> 128	64 – 256
Średnia częstość uzupełniania zasilania	Od dwóch do kilku lat	Od roku do kilku lat	Co kilka dni	Stałe zasilanie – przewodowe	Stałe zasilanie – przewodowe
Szybko wykrywania nowych węzłów w sieci	30ms	Tylko stała tablica węzłów	> 3s	< 1s	< 1s
Czas aktywacji (po wyjściu z stanu hibernacji)	15ms		> 3s	Brak funkcji oszczędzania energii	Brak funkcji oszczędzania energii

Tabela nr.2 Porównanie standardów

4. Projekt zastosowania technologii ZigBee w domu jednorodzinnym

W pierwszej części rozdziału zamieszczono założenia systemu sterowania, jego elementy składowe i blokowy schemat działania. Część druga zawiera schematy elektryczne zaprojektowanego systemu dla istniejących instalacji elektrycznych, w które wyposażony jest dom. W części trzeciej zaprezentowano realizację funkcji sterowania bezprzewodowego wykorzystując rzeczywiste sterowniki.

4.1 Założenia projektu

Dla zaprezentowania szerokich możliwości technologii ZigBee RF4CE. zaprojektowano system sterowania oświetleniem i urządzeniami w zamieszkanym domu, wykorzystując jej główny atut, miniaturowe sterowniki komunikujące się drogą radiową. Instalacja sterowników w istniejącym budynku nie wymaga przeprowadzenia dodatkowych robót budowlanych oraz żadnych ingerencji strukturę instalacji. Część sterowników zostanie umieszczona wewnątrz obudów urządzeń klimatyzacyjnych i oprawy oświetleniowych, a pozostałe w puszkach instalacyjnych. Zasilanie sterowników bateriami AA nie wymaga zastosowania kabli zasilających, a ich oszczędny tryb pracy daje gwarancję nieprzerwanej pracy w dłuższym horyzoncie czasowym

4.2 Elementy składowe systemu

Na planach budynku zostały umieszczone trzy typy urządzeń ZigBee: koordynator, routery oraz urządzenia końcowe. Sterują one oświetleniem zewnętrznym i wewnętrznym oraz roletami. Pozostałe z nich pobierają informacje z czujników ruchu, temperatury i natężenia światła. Zarządzanie sterownikami realizowane jest poprzez smartfon bądź tablet, posiadające system operacyjny Android z zainstalowaną aplikacją – ZigBeeClient oraz przez każde urządzenie posiadające bezprzewodową kartę sieciową (WiFi) i przeglądarkę internetową obsługującą flash – poprzez zdalny panel sterujący – ZigBeeRemotePanel. Zarówno ZigBeeClient jak i zdalny panel sterujący, łączą się z serwerem centralnym – ZigBeeServer, który parsuje otrzymane polecenia i wysyła odpowiednie komendy do sieci logicznej ZigBee.

4.3 Schemat blokowy systemu

Poniżej zamieszczono system sterowania. Urządzenie końcowe oznaczone na schemacie „ZB EndDevice" jest przyłączone do wybranego urządzenia, którym steruje.

Rys.11 Schemat blokowy systemu sterowania

4.4 Schematy elektryczne zasilania i sterowania

4.4.1 Instalacja oświetlenia zewnętrznego, ogrzewanie i klimatyzatory

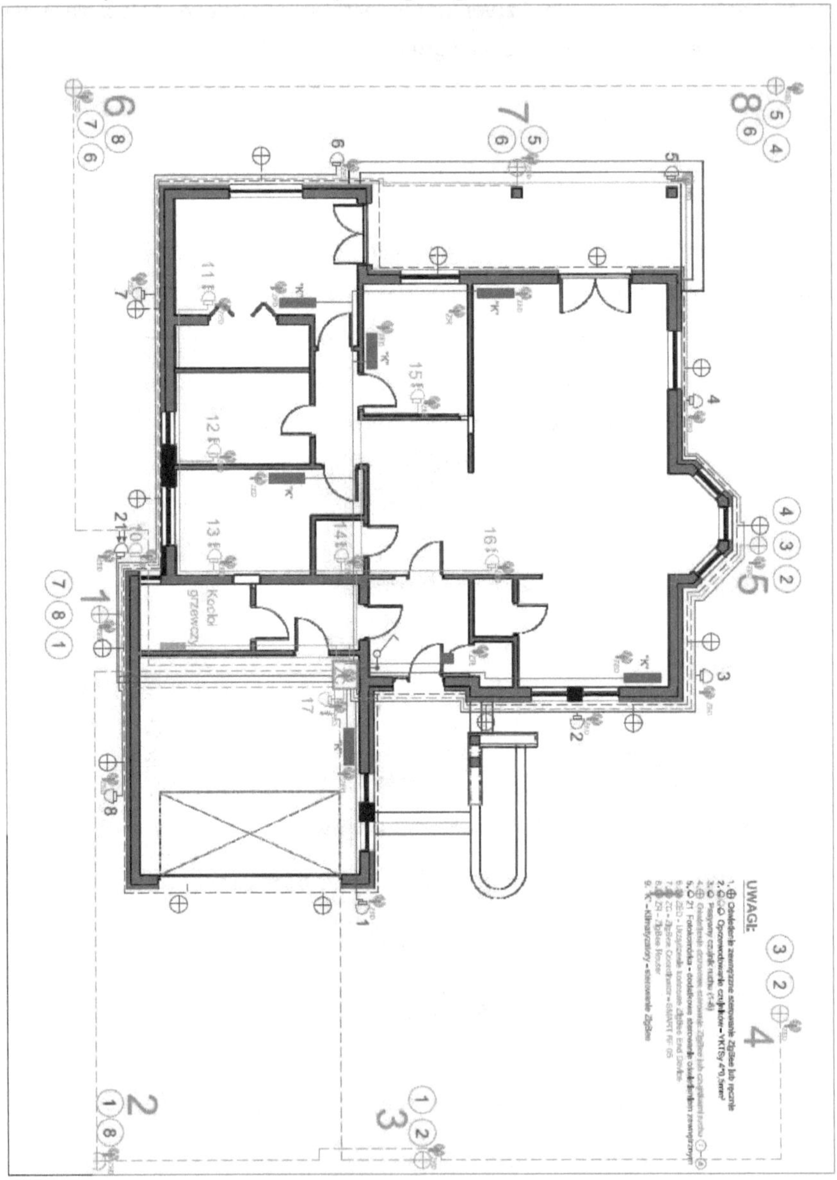

4.4.2 Instalacja oświetlenia wewnętrznego i rolety

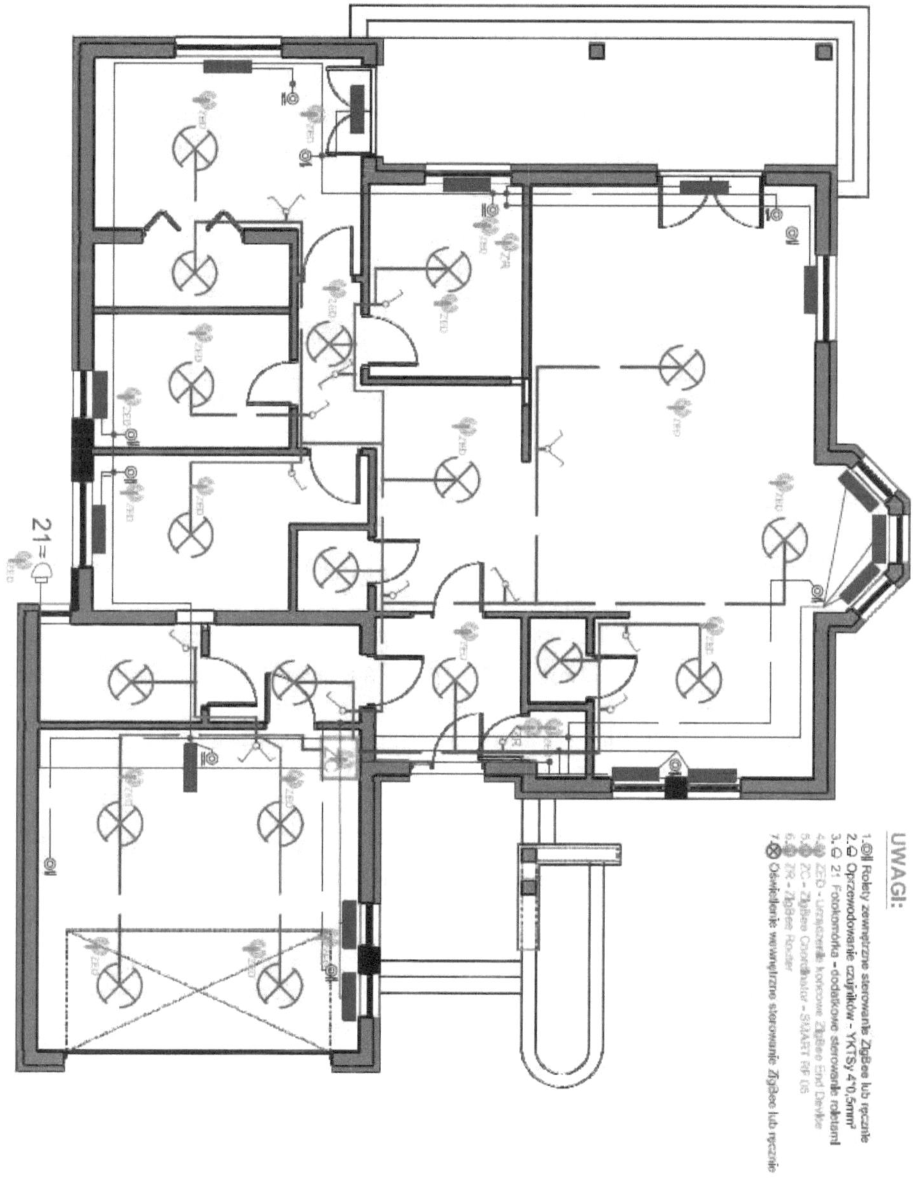

4.5 Głowny serwer sterujący

Jest centralnym urządzeniem, którego zadaniem jest przyjmowanie połączeń, a następnie odbieranie danych z dwóch źródeł tj: „ZigBeeClient" oraz „ZigBeeRemotePanel". Obie aplikacje wysyłają do serwera paczki danych wykorzystując protokół TCP/IP, którego warstwa transportowa gwarantuje dostarczenie wiadomości do odpowiedniego odbiorcy w nie zmienionym stanie.

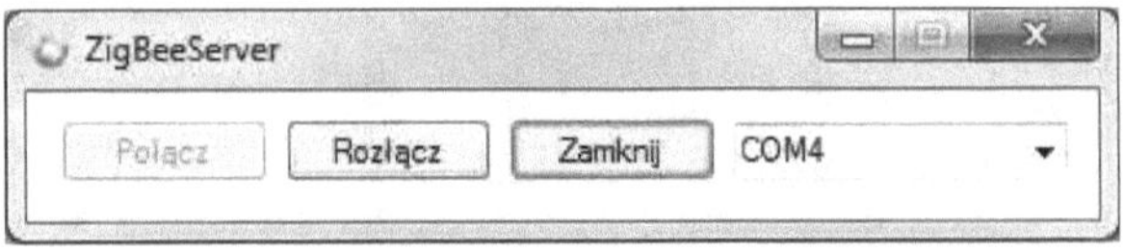

Rys.12 Zrzut ekranu aplikacji „ZigBeeServer"

Protokół wysyłanych paczek danych składa się z trzech części:

- Człon pierwszy np. „Pokoj1." - jest to numer pokoju poprzedzony słowem „Pokoj", które oznacza, że przysłane polecenie dotyczy sterowania urządzeniem znajdującym się w pokoju nr 1.
- Człon drugi. „Scena: 1." – informuje o numerze sceny, która ma zostać wywołana przez serwer na sterownikach. Scena określa uruchomienie jednego lub grupy urządzeń.
- Człon trzeci np. „Level: 100." – oznacza wartość procentową:
    - W momencie sterowania oświetleniem oznacza „%" wartość natężenia oświetlenia
    - W przypadku sterowania klimatyzacją bądź ogrzewaniem, oznacza wcześniej ustalone temperatury – minimalne lub maksymalne.
- Przykładowy pakiet wysyłany do serwera:
    - "Pokoj2.Scena: 13.Level: 100."

Po przyjęciu połączenia serwer tworzy nowy podprogram (wątek), którego zadaniem jest z parsowanie odebranej wiadomości na pakiet rozumiany przez urządzenia zainstalowane w sieci logicznej ZigBee. Następnie dodaje wynikową wiadomość do kolejki (queue). Drugi podprogram działający w tle, co jeden cykl równy 1000ms, sprawdza, czy w kolejce pojawiły się nowe dane, jeśli tak zajmuje się wysłaniem ich do koordynatora sieci ZigBee.

Etapy parsowania pakietów danych:

- „Pokoj1." Parsowany jest na wartość numeryczną „1".
- „Scena: 1." Również parsowana jest na wartość numeryczna „1"
- „Level: 100." Także parsowany jest na wartość numeryczna „1"
- Następnym krokiem jest połączenie uzyskanych liczb w jedną spójną całość. Końcowy pakiet wysyłany w sieć logiczną powinien wyglądać tak: '#' + 'Numer pokoju' + 'Numer sceny' + 'Wartość procentowa' + 'wyższe bity sumy kontrolnej' + 'niższe bity sumy kontrolnej'. Suma kontrolna jest sumą czterech wartości numerycznych z tablicy byte'owej pakietu tj: Suma kontrola =

  [ASCII(#) + ASCII(NrP) + ASCII(NrSc) + ASCII(WP)]. Otrzymany końcowy pakiet dla powyższych ustawień powinien wyglądać tak: „#1110&"; gdyż & = ASCII(38).

Wizualne przedstawienie wykonywanych czynności przez serwer zostało zaprezentowane na schemacie blokowym zamieszczonym na stronie następnej.

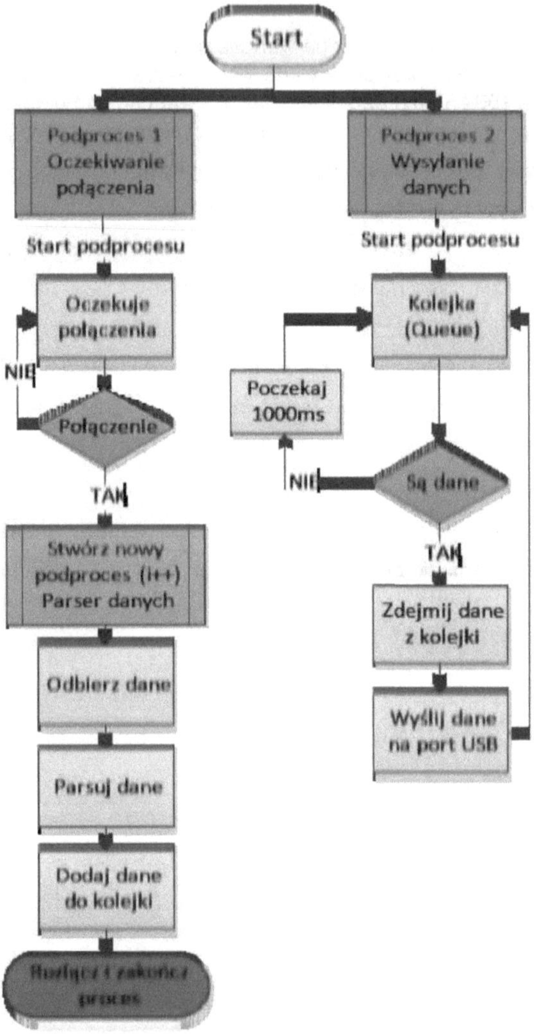

Rys.13 Schemat blokowy przedstawiający pracę aplikacji „ZigBeeServer”

4.6 Oprogramowanie zarządzające – ZigBeeClient

Elementy składowe aplikacji ZigBeeClient:

- Pole „textViewRoomName" np. „Pokoj1" – pole zawierające nazwę pokoju, którym aplikacje w danym momencie steruje.
- Pole „editTextRoom" np. „1" – zawiera numer pokoju, którym aplikacja ma sterować. Wraz z zmianą numeru pokoju zostaje zmieniona „nazwa pokoju" w polu textViewRoomName.
- Pole „editTextScene" np. „1" – informuje o numerze sceny, którą aplikacja włącza, bądź wyłącza.
- Pole „editTextLevel" np. „100" – zawiera wartość procentową np. do ustawienia natężenia oświetlenia w danym pomieszczeniu.
- Przycisk „buttonOn" – wysyła powyższe ustawienia do serwera.
- Przycisk „buttonOff" – wysyła powyższe ustawienia do serwera, jednak z zmienionym polem editTextLevel ustawionym na „0" informującym serwer o tym, że wybrana scena (urządzenie) powinno zostać wyłączone.
- W polu „textViewTestInfo" – są wyświetlane wszystkie potrzebne użytkownikowi informacje np. komunikat „Brak połączenia z siecią WiFi."

4.6.1 Android

System operacyjny dla urządzeń przenośnych (mobilnych) takich jak telefony komórkowe, tablety PC i netbooki – Android jest rozwijany przez Google i oparty na jądrze Linux oraz oprogramowaniu GNU. Początkowo był rozwijany przez firmę Android Inc. a po przejęciu przez Google, przez Open Handset Alliance. Android zrzesza dużą społeczność deweloperów piszących aplikacje („apps"), które poszerzają funkcjonalność urządzeń. [12]

12 http://pl.wikipedia.org/wiki/Android_(system_operacyjny)

Rys.14 Zrzut ekranu z emulatora telefonów z systemem Android 2.2

4.6.2 Zdalny panel zarządzający – „ZigBeeRemotePanel"

Zdalny panel zarządzający ZigBeeRemotePanel pełni rolę alternatywnego panelu sterowania dla aplikacji ZigBeeClient. Panel w tej konfiguracji powinien zostać zainstalowany na tej samej maszynie, na której został osadzony ZigBeeServer.

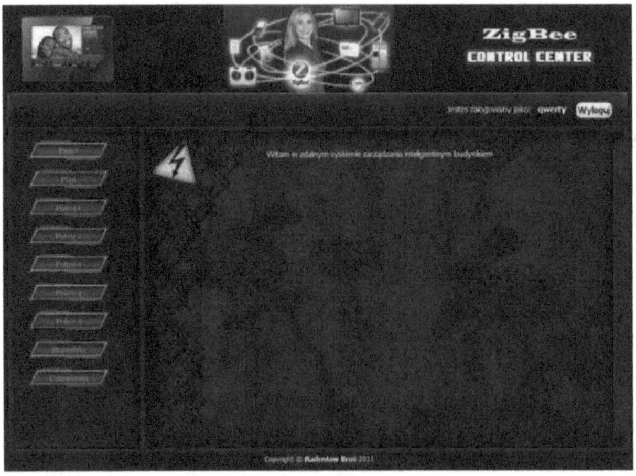

Rys.15 Zrzut ekranu ZigBeeRemotePanel

4.7 Zestaw testowy

Założenie - pokazanie praktycznej realizacji funkcji bezprzewodowego sterowania, wykorzystującego technologię ZigBee.

4.7.1 Opis zestawu

Elementy składowe zestawu:

- Dwie płyteki SmartRF05 z zainstalowanym modułem CC2530EM przystosowanym do komunikacji w standardzie ZigBee (IEEE 802.15.4).
- „Black box" - konwerter napięć.
- Żarowka energooszczędna 11W zasilana z gniazda sieciowego 230V.

Rys.16 Zdjęcie zestawu testowego

Na rysunku numer 23 zaznaczone zostały miejsca połączeń elementów składowych oraz joystick sterujący pracą zestawu.

- Zaznaczona czerwonym okręgiem zworka odpowiedzialna jest za połączenie pinów 9 i 11 w części P18. Jej zadaniem jest przyporządkowanie płytce nr 1 funkcji koordynatora, druga płytka bez zworki automatycznie pracuje w trybie routera.
- Żółtym okręgiem zaznaczono zworkę, która decyduje o tym, czy zasilanie płytki będzie z baterii lub poprzez kabel USB.
- Okrąg fioletowy – miejsce zamontowania joysticka sterującego.
- Okrąg niebieski pokazuje przyłącze GND - masę, do której doprowadzony jest jeden z pinów w przełączniku.
- Czarnym okręgiem zaznaczono miejs podłączenia zasilania do tranzystora. Na tym pinie panuje napięcie równe ~ 3.3V.
- Białym otoczono, główne miejsce odpowiadające za sterowanie.
- Wewnątrz różowgo okręgu zamontowany jest przełącznik On/Off – włącz, wyłącz.
- Okręgiem pomarańczowym zaznaczono przyciski numer „1”.
- A szarym przyciski numer „2”

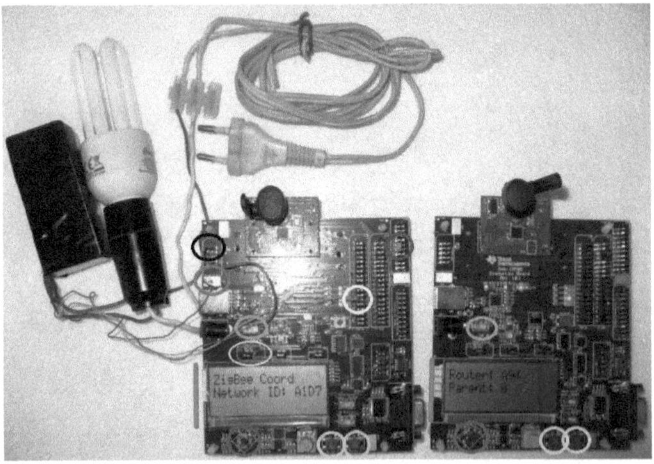

Rys.17 Zestaw testowy z oznaczonymi punktami

4.7.2 Proces testowy – poszczególne kroki

1. Uruchomienie koordynatora – płytkę z zainstalowaną zworką na pinach 9 i 11 w części P18. Po uruchomieniu oczekuje podłączenia się routera bądź innych urządzeń (w przypadku zestawu testowego drugiej płytki).
2. Uruchomienie routera – drugą płytkę SmartRF05, po uruchomieniu wyszukuje koordynatora. Po znalezieniu rozpoczna łączenie się z nim.
3. Na wyświetlaczu koordynatora pojawia się „ZigBee Coord...", a na drugiej płytce „Router..." (rysunek 23),. Oznacza to, że płytki się sparowały i są gotowe do działania – wymiany danych i sterowania.
4. Na koordynatorze joystick przesunięty zostaje „do góry" na pozycję „1" – po tej operacji zostaje wysłana komenda informująca router,aby wykonał wybraną czynność, w naszym przypadku zapal pierwszą zieloną diodę. Ta sama operacja wykonana na drugiej płytce, zapali tę samą diodę na płytce pierwszej – rysunek 24.
5. Następnym krokiem jest ustawienie joysticka w położenie „2", po wykoananiu tej czynności w koordynatorze, na routerze zapala się druga, czerwona dioda. Przestawiając joystick na pozycję „2" w routerze, zostaje wysłana wiadomość do koordynatora, aby podał sygnał na pin 25 w polu P10, pin sterowniczy, do którego przyłączony jest przekaźnik załączjący żarówkę – rysunek 25.
6. Kolejną możliwością zaimplementowaną w pamięci procesorów jest pozycja „3" joysticka tj. „w lewo", zapalająca na poprzedzającej płytce trzecią żółtą diodę – rysunek 26.
7. Po wywałaniu wybranej funkcji na wyświetlaczu pojawia się informacja, definiująca wykonywane zadanie.
8. Wciśnięcie przycisku „Button 1", na wyświetlaczu pojawia się ciąg znaków w pierwszej linii wyświetlacza „Zestaw test", na drugiej linii wyświetlacza „Plytka nr.X" – X odpowiedni dla numeru płytki.
9. Wciśnięcie przycisku „Button 2", na obu płytkach powoduje oczyszczenie wyświetlacza.

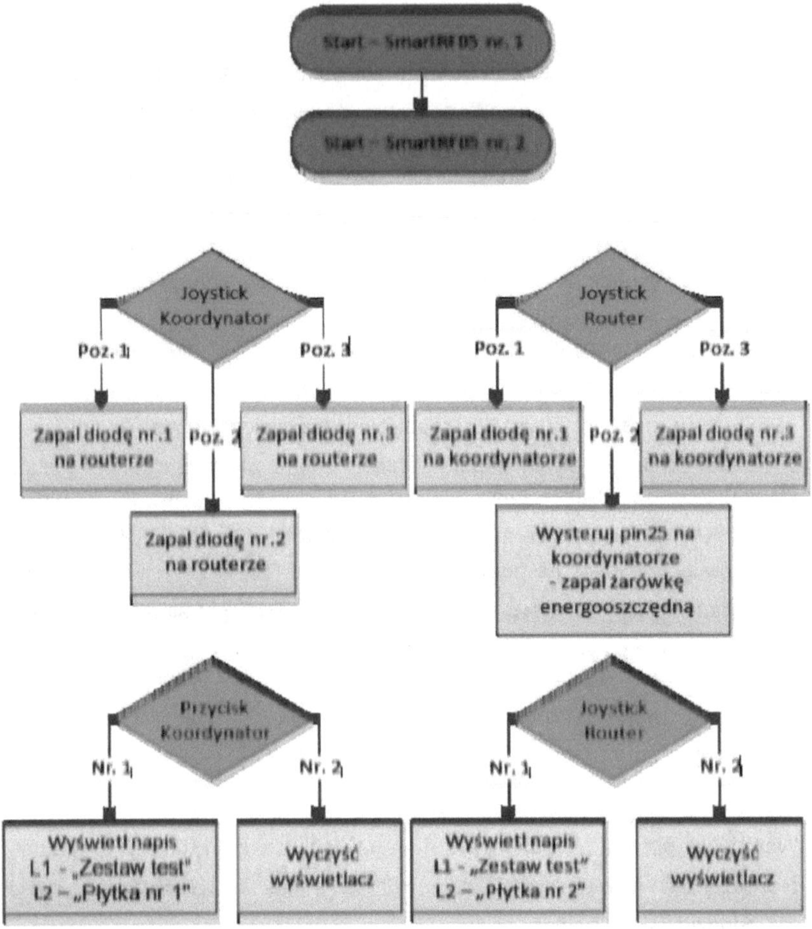

Rys.18 Wizualizacja procesów testowych

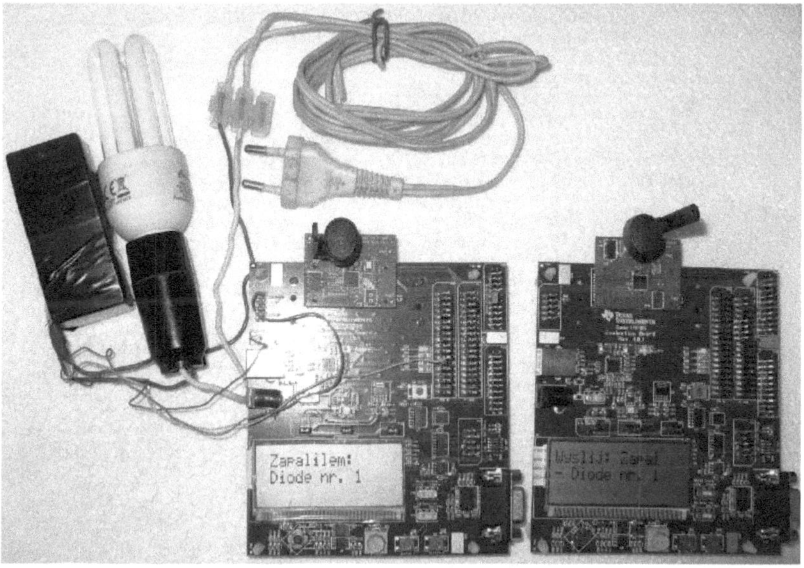

Rys.19 "Zapal pierwszą diodę "

Rys.20 "Zapal żarówkę "

(pin 25 - sterujący pierwotnie drugą - czerwoną diodą)

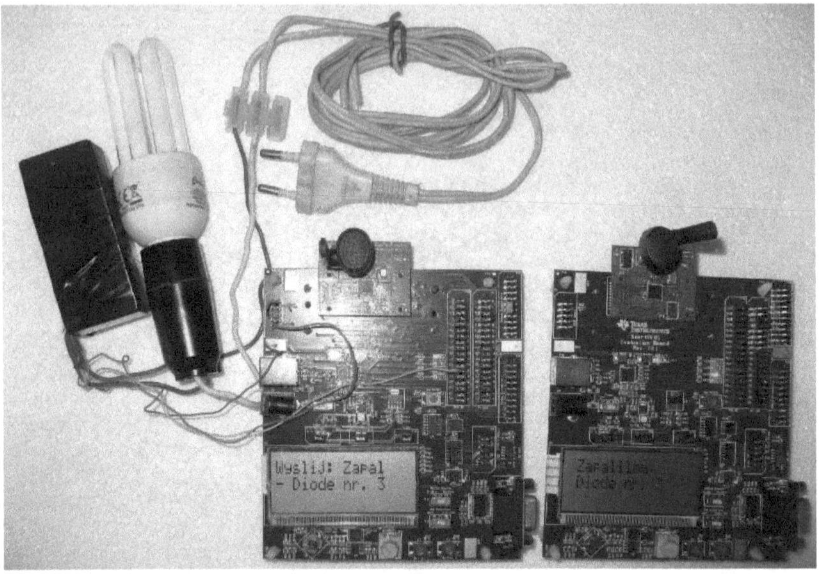

Rys.21 "Zapal trzecią diodę"

Osadzony na płytkach SmartRF05 system operacyjny został wzbogacony o funkcje wykonujące powyższe zadania. System znajduje się do pobrania na stronie producenta płytek.[13]

13 www.ti.com

Zakończenie

Cele, które zostały określone na początku, zostały osiągnięte. W ramach tej publikacji powstał projekt sterowania instalacjami i urządzeniami w istniejącym domu jednorodzinnym. Dom do czasu zainstalowania systemu sterowania, poza tym, że jest nowy, dobrze ocieplony i ładny, niczym nie różni się od swoich starszych braci. Po wyposażeniu go w sterowniki i uruchomieniu system sterownia nie będzie można już go nazywać Inteligentnym domem, ale na pewno zyska miamo nowoczesnego budynku. Wykorzystanie do sterownia nawoczesnej, bezprzewodowej i ekologicznej technologii ZigBee, ma poza innymi argumentami, czysto technicznymi zrozumiałymi tylko wąskiej grupy ludzi, jedną istotną wartość dodaną – możliwość wprowadzenia najnowszej generacji systemów sterowania i zarządzania budynkami bez ingerencji w konstrukcje domu, nie narażając właścicieli na niedogosności związane z przebudową. Mimo, że technologie sterowania domami znane są już od kilkunastu lat wielu ludzi ograniczało swoje „chciejstwo" z uwagi na konieczność przeprowadzenia remontu. Prezentowana techologia ZigBee przełamuje bariery i obala mit remontu. Oferowany czas pracy sterowników, będzie dodatkowym atutem „za" dla wątpiących. Instalacja jest bezinwazyjna i na ogół dość prosta. Dzięki osiągniętym w powyższej technologii małym gabarytom końcowego produktu, instalacja większości z nich nie stanowi większego problemu.

Zaproponowany system zarządzania, jest przygotowany na każde potrzeby klienta, potrafi sterować każdym urządzeniem, które ma taką możliwość. Zaproponowano trzy źródła sterownicze, tj: sterowanie poprzez stronę ZigBeeRemotePanel oferującą zdalny dostęp po podłączeniu do internetu, poprzez dostęp lokalny z każdego urządzenia posiadającego przeglądarkę internetową oraz ZigBeeClient klient zaprogramowany na nawoczesnej platformie Android. – są to rozwiązania na „dziś". „Jutro" oparte będzie najprawdopodobnie na platformie Android, oferującej coraz większe możliwości, i instalowanej na coraz większej gamie urządzeń. Palmtopy i telefony komórkowe z tym systemem będą w powszechnym użytkowaniu, dzięki czemu odpadnie problem zakupu dodatkowego urządzenia, przyściennego – panelu dotykowego. Wystarczy wgranie aplikacji sterowniczej na prywatny telefon mieszkańców domu.

Ostatnim celem pracy bylo zaprezentowanie nowoczesnej technologii ZigBe, która w Polsce niestety jest jeszcze mało popularna. Istotne znaczenie dla propagowania i popularyzowania tej technologii mają stosunkowo niskie koszty zakupu sterowników, niewielkie zużycie energii elektrycznej przez sterowniki oraz brak konieczności dodatkowego okablowania samych sterowników (zasilane bateryjnie) i sterowanych urządzeń. Dzięki tym walorom możemy każdy dom nawet mający kilkadziesiąt lat zamienić na dom inteligentny. Niedostępne jeszcze do niedawna dla szerokiego grona odbiorcu, systemy sterownia domami, są już w zasięgu ludzi przeciętnie zarabiających.

Przedstawiony w pracy system jest w pełni rozwojowy. W przyszłości może zostać rozbudowany o wiele różnych nowych funkcji oraz elementów sterowniczych.

Literatura

http://pl.wikipedia.org/wiki/Inteligentny_dom

http://pl.wikipedia.org/wiki/KNX

http://pl.wikipedia.org/wiki/LonWorks

http://zigbee.org

http://www.z-wave.com

http://www.kanlux.pl/files/photos/produkty/big/00460.jpg

http://www.knx.org/fileadmin/template/images/logos/knx_logo_testlr.gif

http://www.yuribe.com/Imagenes/lonworks.gif

http://upload.wikimedia.org/wikipedia/commons/a/a7/Bluetooth_bw.png

http://anantec.ca/wp-content/uploads/2010/05/zwave_logo-300x206.jpg

http://ingimage.com

http://www.zigbee.org/portals/0/images/Zigbee_5icons_rings.jpg

http://www.zigbee.org/portals/0/images/Zigbee_3icons_rings.jpg

www.zigbee.org – dokument:
095231r01ZB_RF4CE_MWGUnderstanding_ZigBee_RF4CE.PDF

http://pl.wikipedia.org/wiki/Android_(system_operacyjny)

http://ti.com

FSC
www.fsc.org
MIX
Papier | Fördert
gute Waldnutzung
FSC® C083411

Kolibri 360 GmbH
Ferdinand-Jühlke-Straße 7
99095 Erfurt, Deutschland
produktsicherheit@kolibri360.de

Druck:
CPI Druckdienstleistungen GmbH
im Auftrag der
Kolibri 360 GmbH
Ferdinand-Jühlke-Str. 7
99095 Erfurt